爱上数学28

· 规律 2 ·

一块孤独的砖

〔韩〕姜旻旻 / 著　〔韩〕宋沈禹 / 绘　刘娟 / 译

云南出版集团　晨光出版社

鞋柜里的鞋子也是越往上数量就越少呢！

看来它们都是按规律摆放的，不过都是按什么样的规律呢？

这里是小学校园的一角。

在这里，不管是书架上的书，还是花圃里的花，甚至是鞋柜里的鞋，都是按某种规律放置的。

难道这个学校里就没有一件被放错位置的东西吗？

嘘！

小声点儿！

孩子们都在上课呢。

这里是"育英小学"，学校里几乎所有的东西都是按照一定规律摆放的。

对了，我还没做自我介绍。

我是一块砖头，虽然看起来很不起眼，但不管怎么说，我也是支撑这栋教学大楼的一份子呢。

"是谁在那儿叨叨个没完？吵死啦！"

"还能是谁，肯定是那块被放错位置的砖呗。"

"喂，你这块讨厌的砖！请你安静点儿吧！"

天啊，看来是我说话的声音太大了。

不过，我也明白它们为什么都不喜欢我。

教学大楼的一楼是用清一色的红砖砌成的，二楼用的是白砖。而我，身为一块白砖，却被阴差阳错地砌在了一楼的墙里。

真郁闷，我是一块被放错位置的砖，也是一块孤独的砖。

你们看，这里是学校的图书馆，书架上的书摆放得整齐有序。

最上面一排是童话，第二排是古今中外的历史书，第三排全是科普书，最下面一排都是传记。

这样有规律地摆放，让孩子们找起书来非常方便。

只有我没有规律地待错了地方，也怪不得大伙儿都不喜欢我。

这里是学校的花圃，仔细一看，所有的花都是按照一定的规律种植的。

　　我们从左向右，一排一排看过来：白色的鸡冠花，黄色的半枝莲，红色的胭脂花，粉红的凤仙花；红色的鸡冠花，黄色的半枝莲，白色的胭脂花，粉红的凤仙花；白色的鸡冠花，黄色的半枝莲，红色的胭脂花，粉红的凤仙花；红色的鸡冠花，黄色的半枝莲，白色的胭脂花，粉红的凤仙花。

　　现在花儿都开了，漂亮极了！

　　只有我这块孤独的砖，被人们放错了位置。

鸡冠花

半枝莲

还有放在走廊上的这个鞋柜，从下往上依次是：

第一排有 10 双鞋，

第二排有 9 双鞋，

第三排有 7 双鞋，

第四排有 4 双鞋。

　　这么一看，这些鞋子的摆放也是有规律的，从下到上，每层依次减少1双、2双、3双。

　　你看，就连鞋柜里的鞋子都这么井然有序，只有我这块孤独的砖，被人们放错了位置。

　　书架上的书、花圃里的花，还有鞋柜里的鞋，它们都有自己的摆放规律，只有我被放错了位置。看来我的确是育英小学里最错误的存在啊！

　　唉，如果我是红色的该多好呀，或者被放在二楼也很好呀。不过，我也就只能这样感叹两句，我什么都改变不了。

咦，那个小男孩怎么又来了？

我认识他。

他每天都一个人吃饭，一个人回家，还经常一个人在操场上发呆，甚至好几次靠着我这边的墙壁低声哭泣。

今天又发生了什么事呢？

　　小男孩在我的面前停下来，说道："白砖头，谢谢你。"

　　我还没反应过来是怎么回事儿，他又接着说："以前，我胆子小，不敢和其他同学一起玩儿，总是一个人待着。但我每次在这里看到你，都觉得深受鼓舞。你和其他的砖都不一样，看上去孤零零的，但你还是坚定地守着自己的位置。我今天鼓起勇气和大家一起踢了球，还交到了新朋友！这都是你的功劳！"

　　听了小男孩的这番话，我又欣慰又感动。

咦，那个不怎么会说我们这边语言的小女孩也来了。

听说她的妈妈来自东南亚的一个国家，她的肤色与其他小朋友不太一样，在人群中比较显眼。

每次小朋友们拿她的肤色开玩笑，她都会躲在这里委屈地流泪。

今天又发生了什么事呢？

"白砖头，我是来跟你说谢谢的。"

啊，她为什么也要谢谢我？

"每次看到被放错位置的你，就好像看到其他同学眼中肤色不一样的我。但你在这一片红砖墙中，是那么耀眼，那么与众不同，这让我深受鼓舞。我下定决心要让自己也变得坚强和勇敢起来。所以，今天我第一次鼓起勇气邀请班里的小朋友去我家玩。这全都是你的功劳，谢谢你。"

原来这个小女孩也是因为看到了我而变得勇敢，我心里暗暗得意起来。

"真是不可思议！竟然有两个小朋友来感谢这块被放错位置的砖。"红砖头们听了两个孩子的话，都很不服气，一个个噘起了嘴。

而此时此刻，我却无比开心。

在这之前，我一直认为自己是一块一无是处，破坏育英小学各种规律的砖头。没想到，我的存在竟然让两个孩子变得勇敢。

我真是太激动了！

"白砖头呀，我也想向你表达我的谢意。"

不知道从哪里传来一丝柔弱的声音。

"在这儿，我在这儿。"

我低头一看，原来是胭脂花丛中一朵不起眼的蒲公英。

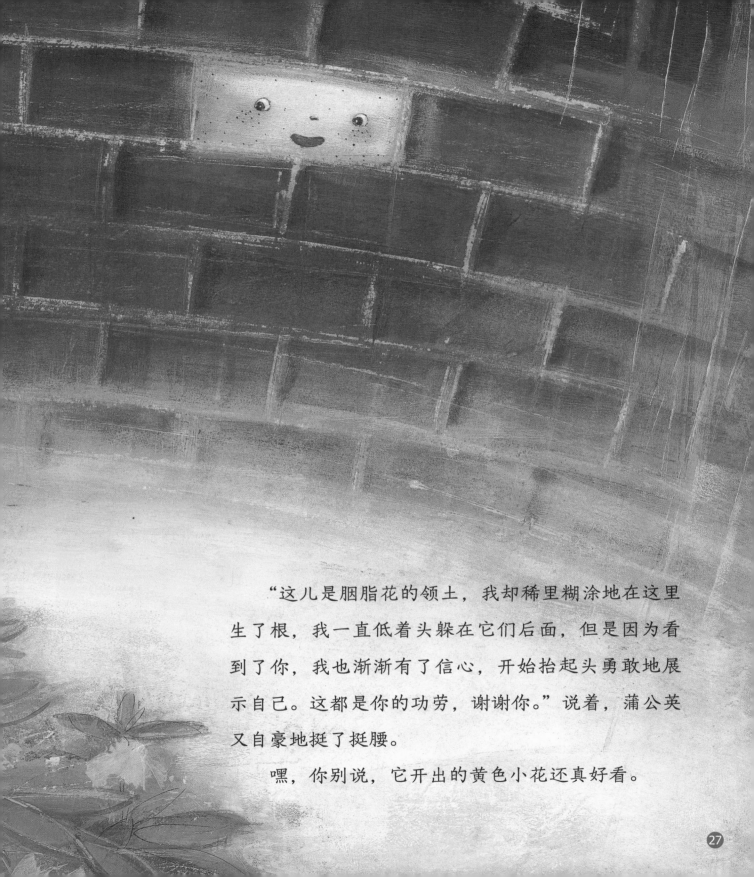

　　"这儿是胭脂花的领土，我却稀里糊涂地在这里生了根，我一直低着头躲在它们后面，但是因为看到了你，我也渐渐有了信心，开始抬起头勇敢地展示自己。这都是你的功劳，谢谢你。"说着，蒲公英又自豪地挺了挺腰。

　　嘿，你别说，它开出的黄色小花还真好看。

"嘿嘿，看到大家都露出了笑容，我真为你们高兴。"旁边的榉树爷爷也突然说话了。

　　"按照规律排列、井然有序固然很好，但是大家在自己的位置上认真生活的样子更动人啊。还有，和谐相处的你们别提有多好看了！"

　　"真的吗？被放错位置的我也好看吗？"

　　"当然了，特别好看。"

　　"那我呢？稀里糊涂开错地方的我也好看吗？"

　　"当然了，非常好看。"

"哈哈哈！"我忍不住放声大笑起来。

我第一次笑得这么开心。

蒲公英的腰杆也挺得更直了一些。

听了榉树爷爷说的话，我身边的红砖头们纷纷向我表达歉意。

"对不起，过去我们太在意规律了。"

"是啊，这段时间让你受了不少委屈，真对不起！"

就这样，我和其他砖头也成了好朋友。

是啊，规律的存在并不是要求所有的东西都一模一样，规律也是多种多样的。

虽然我是一块被放错位置的白砖，可我也是支撑育英小学教学大楼的一块非常重要的砖呀！

让我们跟白砖头一起回顾一下前面的故事吧！

虽然我是一块被放错位置的砖，但也是一道不一样的风景。我不一样的存在，鼓舞了两个小朋友和一朵蒲公英，让他们都变得勇敢起来。

在这个故事中，图书馆书架上的书按照类别的规律摆放着，花圃里的鲜花按照一定的颜色规律种植着，鞋柜里的鞋子也按照某种数量的规律摆放着。

下面，让我们来进一步了解各种各样的规律吧！

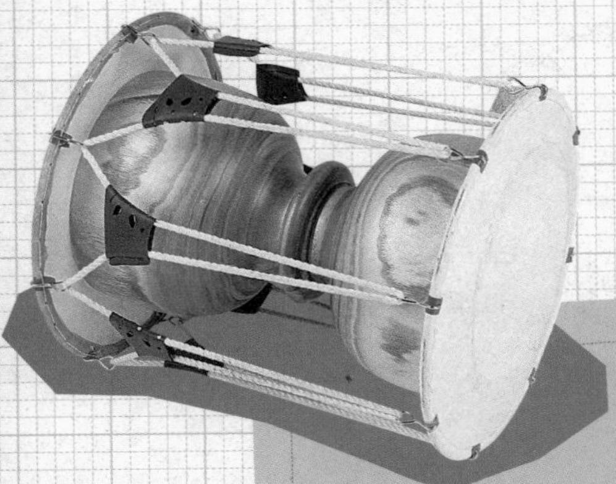

数学面对面

数学概念　认识规律　34

身边的数学　生活中的规律　38

趣味小游戏 1　哪个不合规律　40

趣味小游戏 2　彩球在哪一格　41

趣味小游戏 3　寻找音乐教室　42

趣味小游戏 4　乘法表格的秘密　43

趣味小游戏 5　神奇的数字游戏　44

趣味小游戏 6　育英小学的花圃　45

趣味小游戏 7　我是小诗人　47

参考答案　48

认识规律

规律并不是指某一种固定的排列组合方式，它的表现形式其实非常多样。观察下图中壁纸的纹样、桌上的果实和柜子上的积木，判断一下，哪些排列有规律，哪些没有规律。

两种图案交错出现，每重复一次，✳的数量不变，🌿增加1个。

草莓和香瓜交替出现，每次都比自己前面的水果多出1个。

积木每次从下方增加一层，增加这层的积木块数比上一层多2块。

通过刚才的介绍，我们发现哪怕只是通过重复和交替，规律的表现形式也各不相同。下面，我们再通过数字和图形来进一步了解下其他类型的规律吧。

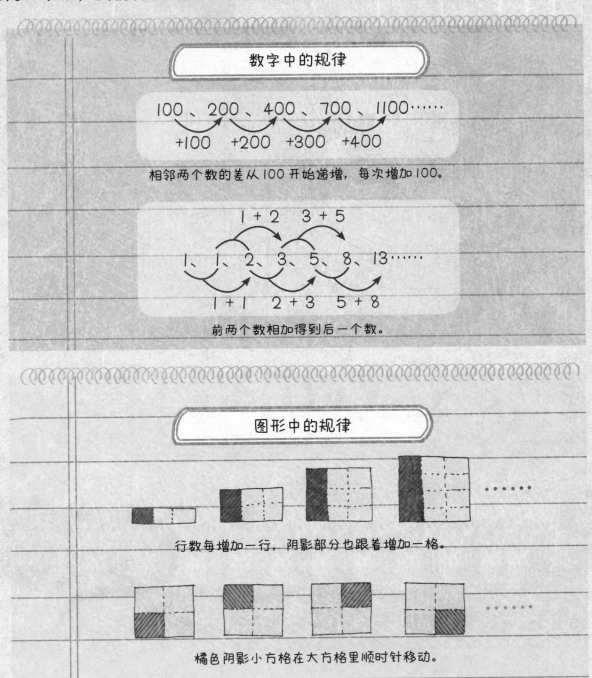

数字中的规律

$$100 、 200 、 400 、 700 、 1100 \cdots\cdots$$

+100　+200　+300　+400

相邻两个数的差从100开始递增，每次增加100。

1 + 2　3 + 5

1、 1、 2、 3、 5、 8、 13 ……

1 + 1　2 + 3　5 + 8

前两个数相加得到后一个数。

图形中的规律

行数每增加一行，阴影部分也跟着增加一格。

橘色阴影小方格在大方格里顺时针移动。

这是九九乘法表。我们仔细观察，就能发现里面也有很多规律。

X	1	2	3	4	5	6	7	8	9
1	1	2	3	4	5	6	7	8	9
2	2	4	6	8	10	12	14	16	18
3	3	6	9	12	15	18	21	24	27
4	4	8	12	16	20	24	28	32	36
5	5	10	15	20	25	30	35	40	45
6	6	12	18	24	30	36	42	48	54
7	7	14	21	28	35	42	49	56	63
8	8	16	24	32	40	48	56	64	72
9	9	18	27	36	45	54	63	72	81

原来九九乘法表中的数是从左往右、从上往下依次递增的。

　　表中红线圈出的这一列数，从上到下依次是5、10、15、20、25、30、35、40、45，从5开始依次增加5。

　　表中蓝线圈出的这一行数，从左到右依次是7、14、21、28、35、42、49、56、63，从7开始依次增加7。

乘法表中还有一些别的规律。

我们观察蓝色区域的第一行与第一列会发现，1与任意数的乘积都是那个数本身。

蓝色区域第二列数字的个位数字是 2、4、6、8、0 交替出现的。

蓝色区域第五行数字的个位数字是 5 和 0 交替出现的。

蓝色区域第九列数字的十位数和个位数之和是 9。

红色虚线经过的数字，其行数与列数相等。

这么一看，乘法表中还真有不少规律呢。你还能找出其他的规律吗？

好奇心一刻

乘法表的"对角线"规律

如果将九九乘法表沿对角线对折，那么折叠后，所有重合的两个数都是相同的。这其实也体现了乘法的一个规律，即两个乘数交换位置，乘积不变。例如，乘法表中第三行和第四列是 4×3，等于 12；折叠后与其重合的第四行和第三列是 3×4，也等于 12。

身边的数学 生活中的规律

　　不仅数字和图形能变化出令人惊奇的规律。我们的生活中，随处可见各种有趣的规律。

📖 语文

普通话中的声调规律

　　现代汉语有 4 个声调，分别是阴平（一声）、阳平（二声）、上声（三声）和去声（四声）。以"ma"的发音为例，妈妈的"妈"是一声，麻木的"麻"是二声，骑马的"马"是三声，骂人的"骂"是四声。但是如果一个词语，两个字都是三声，那么我们在读的时候，第一个三声要变成二声。例如，"管理"这个词，读的时候"管"就要读二声。

如果碰到刚才说的三声变二声的情况，我们在写拼音的时候也要改吗？

不用的，刚才提到的只在口语中体现。如果是书面语，还是标三声。

🧪 科学

水循环

　　地球上的水在不断循环中保持平衡。水有时变成水蒸气，有时变成冰，不断改变自身的形态。海水在阳光的照射下，温度升高，变成水蒸气。这些水蒸气在空中聚集，形成了云。云越来越厚，到一定程度就会形成雨重新落回地面。而雨水经过小溪、河流，最终汇入海洋。这就是自然界中的水循环规律。

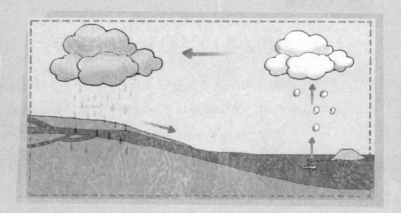

🎹 音乐

节拍规律

　　节拍是指音乐中强拍和弱拍的组合规律，具体是指乐谱中每一小节的音符总长度。常见的节拍有 2/4 拍、3/4 拍、4/4 拍等。一般来说，2/4 拍的以欢快的轻音乐为主，3/4 拍的乐曲多为圆舞曲，4/4 拍多为抒情音乐。另外，在演唱或者演奏传统音乐时，我们还可能会用到一些传统乐器。

▲ 鼓与长鼓

🥁 自然

花瓣中的规律

　　你有没有数过花瓣？令人惊奇的是，花瓣中也隐藏着特殊的规律。几乎所有花瓣的片数都是 3、5、8、13、21、34……我们观察这一组数字后就会发现，从第三个数字开始，每个数字都是前两个数字相加的和。

▶ 8 片花瓣

▼ 43 片花瓣

▶ 5 片花瓣

 # 趣味小游戏 1 哪个不合规律

请小朋友们仔细观察教室里的珠子、积木和书籍的摆放情况，找出不符合规律的地方，并圈出来。

彩球在哪一格

孩子们准备把彩球按规律放在盒子里，每个盒子都有很多个小格，彩球应该放在哪一格呢？找到符合规律的图画，沿黑色实线剪下来，粘贴在对应的位置上。

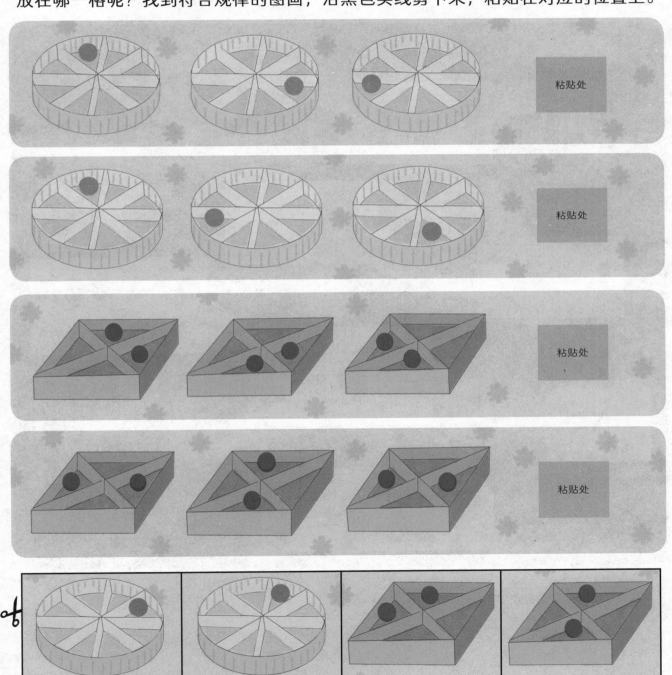

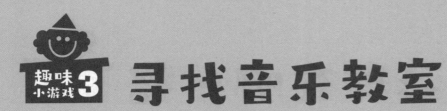

寻找音乐教室

刚刚转学到育英小学的新同学想去音乐教室。请根据道路上的规律提示，帮她走到音乐教室吧。

乘法表格的秘密

几个小朋友聚在一起玩问答游戏。观察下面的表格，先把旗子沿黑色实线剪下来，再结合同学们说的话，如果说的对，就贴上√旗；如果说错了，就贴上×旗。

X	1	2	3	4	5
1	1	2	3	4	5
2	2	4	6	8	10
3	3	6	9	12	15
4	4	8	12	16	20
5	5	10	15	20	25

黄色区域以外，每行数字从左向右按照一定比例变大。

粘贴处

黄色区域以外，每列数字从上到下按照一定比例变小。

粘贴处

在这个乘法表中无法找到5×5的答案。

粘贴处

粉红色区域行与列的规律相同。

粘贴处

✓ ✓ ✗ ✗

神奇的数字游戏

孩子们正在玩一个神奇的数字游戏。根据小朋友们的提示和图片，找出其中的规律，在空格处填上正确的数字。

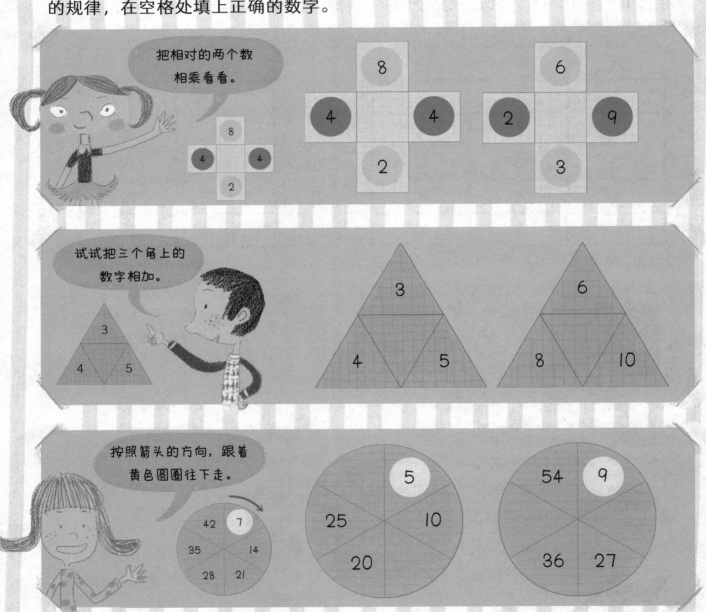

把相对的两个数相乘看看。

试试把三个角上的数字相加。

按照箭头的方向，跟着黄色圆圈往下走。

育英小学的花圃

孩子们打算在花圃里种花。请参考背面的制作方法做一个花圃，然后按照种花的规律，将花朵剪下来，制作一个漂亮的花圃吧。

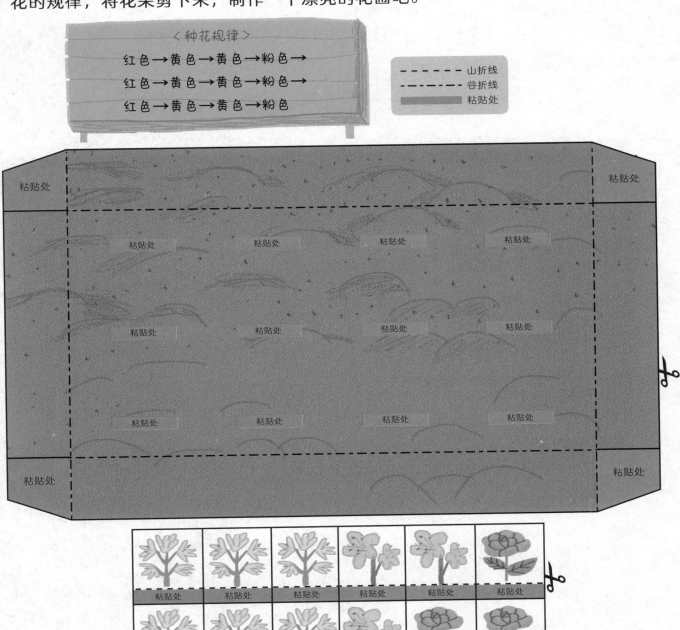

〈种花规律〉

红色→黄色→黄色→粉色→
红色→黄色→黄色→粉色→
红色→黄色→黄色→粉色

- – – – – – 山折线
- ·–·–·–· 谷折线
- 粘贴处

制作方法

1. 沿黑色实线剪下制作花圃的图纸。
2. 按折叠线折叠后，涂抹胶水，粘贴好花圃。
3. 最后剪下最下方的花朵，折叠涂抹胶水，按规律粘在花圃中对应的位置上。

我是小诗人

小兔和阿虎正在写诗。从小兔写的诗中可以看出一些语句的规律。请帮阿虎也写一首这样的诗吧。

像唱歌一样把心中的想法或者感觉表达出来的文字叫作"诗"。

《走吧走吧，去玩儿吧》

小兔

去玩捉迷藏吧，　　　　去玩过家家吧，
走吧走吧，去玩儿吧，　　走吧走吧，去玩儿吧，
带着风和白云一起；　　　带着星星和月亮一起。

《吃吧吃吧，去吃吧》

阿虎

去吃冰淇淋吧，
吃吧吃吧，去吃吧，
在小兔家美美地吃吧；

记住需要重复的部分，再把脑海中涌现的想法自由地表达出来就可以啦！

_____

_____

_____

参考答案

40~41 页

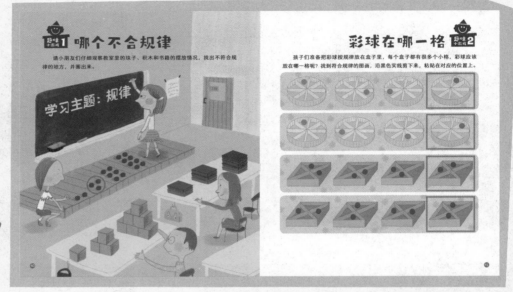

趣味小游戏1 **哪个不合规律**

请小朋友们仔细观察教室里的珠子、积木和书籍的摆放情况，找出不符合规律的地方，并圈出来。

学习主题：规律

趣味小游戏2 **彩球在哪一格**

孩子们准备把彩球按规律放在盒子里，每个盒子都有很多个小格，彩球应该放在哪一格呢？找到符合规律的图画，沿黑色实线剪下来，粘贴在对应的位置上。

蓝球每次都增加2个。

42~43 页

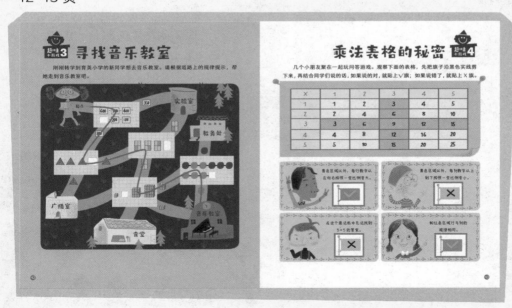

趣味小游戏3 **寻找音乐教室**

刚刚转学到育英小学的新同学想去音乐教室。请根据道路上的规律提示，帮她走到音乐教室吧。

趣味小游戏4 **乘法表格的秘密**

几个小朋友聚在一起玩问答游戏。观察下面的表格，先把旗子沿着实线剪下来，再结合同学们说的话，如果说的对，就贴上√旗；如果说错了，就贴上×旗。

×	1	2	3	4	5
1	1	2	3	4	5
2	2	4	6	8	10
3	3	6	9	12	15
4	4	8	12	16	20
5	5	10	15	20	25